Maleeha Ayyaz Khan
Irfana Lalarukh Gaitee Joshua

Deteção de metais na carne e no leite de búfalos

Maleeha Ayyaz Khan
Irfana Lalarukh Gaitee Joshua

Deteção de metais na carne e no leite de búfalos

ScienciaScripts

Imprint

Any brand names and product names mentioned in this book are subject to trademark, brand or patent protection and are trademarks or registered trademarks of their respective holders. The use of brand names, product names, common names, trade names, product descriptions etc. even without a particular marking in this work is in no way to be construed to mean that such names may be regarded as unrestricted in respect of trademark and brand protection legislation and could thus be used by anyone.

Cover image: www.ingimage.com

This book is a translation from the original published under ISBN 978-620-2-00669-9.

Publisher:
Sciencia Scripts
is a trademark of
Dodo Books Indian Ocean Ltd. and OmniScriptum S.R.L publishing group

120 High Road, East Finchley, London, N2 9ED, United Kingdom
Str. Armeneasca 28/1, office 1, Chisinau MD-2012, Republic of Moldova, Europe
Printed at: see last page
ISBN: 978-620-7-70479-8

ÍNDICE DE CONTEÚDOS

Capítulo 1

INTRODUÇÃO

Os metais pesados são elementos com uma densidade superior a 5 g/cm^3 e uma gravidade específica superior a 4,00. Os metais pesados podem permanecer nas águas subterrâneas e no solo durante um longo período de tempo até se acumularem e se tornarem tóxicos a determinados níveis. Os metais classificados como metais pesados incluem o Zn, Cu, Mn, Cr, Ni, Li, Cd, Ar e I. Dentro dos grupos de metais pesados, alguns elementos (Na, K, Ca, Fe) são essenciais para os organismos vivos, exigidos pelos seus corpos em determinadas quantidades e cujo excesso conduz a vários efeitos nocivos [1].

O ambiente é definido como a totalidade das circunstâncias que rodeiam um organismo ou grupo de organismos, especialmente a combinação de condições físicas externas que afectam e têm impacto no crescimento, desenvolvimento e sobrevivência dos organismos [2].

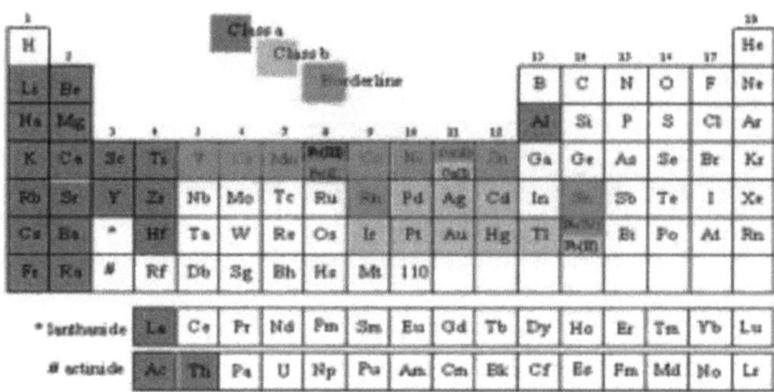

Fig. 1.1. Tabela periódica

Classe a = oligoelementos

Classe b = Heavy metal

O aumento da industrialização resultou no aumento da quantidade destes metais no ambiente. Uma vez introduzidos no ambiente, viajam através da cadeia alimentar e são depois transferidos para materiais alimentares através dos quais podem mais tarde passar para os tecidos. A dissolução de metais pesados nas águas subterrâneas também resulta de processos naturais, por exemplo, depósitos naturais de arsénio nas águas subterrâneas [4].

Se os metais pesados estiverem presentes em excesso no ambiente, podem permanecer aí durante anos, aumentando assim as hipóteses de afetar os seres humanos e os animais. Estudos recentes mostraram que os resíduos de certas substâncias químicas nas águas subterrâneas conduzem a uma exposição crónica a esses metais pesados [2].

O Paquistão tem condições áridas e semi-áridas. Esta região não é suficiente para a produção de culturas alimentares, que são um fator importante para a economia do país. Apesar de um sistema de rede de canais intrincadamente concebido, os agricultores estão muitas vezes impacientes à espera da sua vez de utilizar a água do canal. Os agricultores que não têm acesso ao sistema de canais podem, por vezes, recorrer à utilização de efluentes industriais para irrigar as suas culturas. Estes efluentes, devido à presença de elementos essenciais para o crescimento das plantas, conduzem a um melhor rendimento das culturas. Este resultado, portanto, incentiva mais agricultores a encorajar este método de irrigação. Os agricultores que não têm de investir em fertilizantes nem têm de esperar pela sua vez de utilizar a água do canal consideram este método de irrigação uma bênção. Eles não estão conscientes da gravidade do facto de estes elementos essenciais serem provenientes de toxinas [5].

A introdução de metais pesados no solo leva à sua acumulação. Estes metais são então absorvidos pelas plantas e depois pelos animais que pastam nessas plantas. Desta forma, estes metais circulam na cadeia alimentar causando graves danos à saúde humana [6].

O pastoreio de animais em plantas cultivadas em solos contaminados resulta na deposição destes metais na sua carne, devido à qual foram encontrados níveis mais elevados destes metais tóxicos na carne de bovino e de ovino. O fornecimento aos animais de alimentos contaminados com metais tóxicos resulta na prevalência destes metais no ambiente [7].

1.1 Biomagnificação

A biomagnificação na cadeia alimentar é a principal via de transferência destes metais para os tecidos dos animais através da sua alimentação. Quando estes metais se acumulam nos tecidos dos animais, podem ser transferidos de um tecido para outro e também variar entre um animal e outro à medida que a teia alimentar funciona [5].

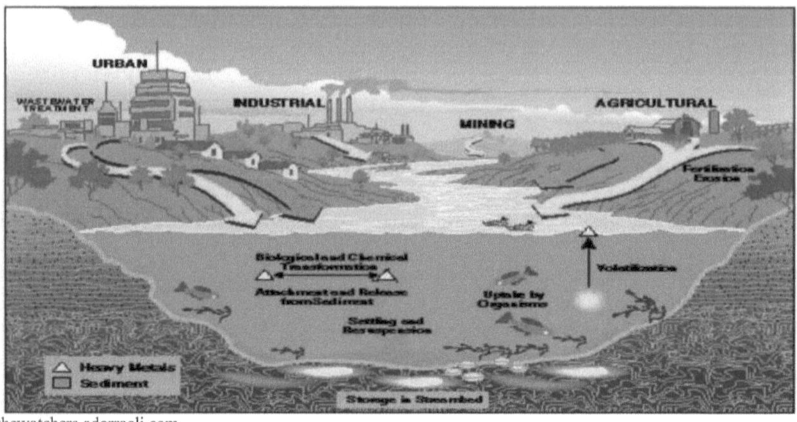

Fig 1.2 . Processo de biomagnificação A distribuição e localização destes metais em alguns órgãos do vitelo revelam que o fígado, os rins e o intestino delgado são os órgãos mais afectados, que apresentam níveis mais elevados de metais vestigiais [2]. A ingestão destas toxinas pelos animais provoca a sua deposição na carne.

A carne é composta por gorduras, proteínas e alguns outros elementos essenciais. O consumo de carne é, até certo ponto, essencial para o crescimento e para a manutenção de uma boa saúde. O tipo de alimentação dada a estes animais afecta a qualidade da sua carne [6].

1.2 Contaminação por metais

Os seres humanos podem ser expostos a metais pesados através da inalação de poeiras, da ingestão direta do solo e do consumo de plantas alimentares cultivadas em solos contaminados por metais. Os alimentos e a água contaminados provocam doenças no corpo humano. É difícil classificar os metais vestigiais em grupos essenciais e tóxicos, mas é um facto conhecido que, a níveis de concentração suficientemente elevados, mesmo os do grupo essencial se tornam tóxicos para a saúde humana [8].

1.3 Efeito dos metais no ser humano

Os metais podem interferir com as funções das enzimas e são responsáveis por muitas doenças, nomeadamente cardiovasculares, renais, nervosas e mesmo ósseas. Além disso, a toxicidade de alguns destes metais pode causar disfunções renais, hipertensão, lesões pulmonares e lesões hepáticas. A presença de elementos não essenciais como o Cd, Cr, Ni, Pb e Ar no organismo pode causar profundas alterações bioquímicas e neurológicas [9].

1.3.1 Chumbo

Níveis mais elevados de chumbo podem provocar hipertensão arterial, atraso mental, danos nos rins, anemia e problemas de desgaste. Também encurta o período de gestação nas mulheres. As crianças pequenas correm um grande risco de sofrerem atrasos físicos e de desenvolvimento devido à sua capacidade de absorção. O limite admissível para a ingestão de chumbo é de 0,5ug/mL sugerido pela EPA (Agência de Proteção Ambiental) [10].

1.3.2 Cádmio

O cádmio afecta igualmente muitos outros tecidos, como os centros do apetite e da dor. Pode também provocar problemas cardíacos, lesões cerebrais, anemia, pele seca e escamosa, dores nas articulações, pedras nos rins, disfunção hepática, lesões pulmonares, dores na coluna vertebral e dentes amarelos nos seres humanos [7].

1.3.3 Crómio

O crómio, descoberto por Vaquelin em 1798, é utilizado em três grandes indústrias mundiais: metalúrgica, química e refractária. É carcinogénico no seu estado de valência (VI), podendo causar diarreia, paralisia e depressão. Pode também danificar os pulmões, os fígados e os rins. O seu limite admissível é de 1 ugm^{-3} recomendado pelo NIOSH (National Institute for occupational safety and Health) [11].

1.3.4 Níquel

O estado volátil do níquel é tóxico para os seres humanos. É utilizado no fabrico de aço resistente ao calor. Uma pequena porção encontra-se no ar, na água e no solo, sendo mais tóxico sob a forma de compostos solúveis. A ingestão de níquel em excesso pode provocar efeitos neurológicos e doenças gastrointestinais, como diarreia, vómitos e náuseas. Fumar provoca um aumento do níquel de até 4ug/maço de cigarros. A EPA sugere que a ingestão média de níquel seja de 100-300ug/dia [8].

1.3.5 Arsénio

O arsénio é o metal mais tóxico do ambiente, sendo também utilizado como pesticida. Encontra-se mais frequentemente na água potável, que pode depositar-se nos problemas do gado quando este bebe água contaminada com arsénio. Os seres humanos podem ser expostos ao arsénio através da cadeia alimentar. A água contaminada provoca cancro da bexiga e dos pulmões. Doses mais elevadas de arsénio causam insuficiência cardíaca, paralisia, coma e mesmo a morte. O limite admissível de arsénio na água potável pode variar entre 50ppb e 10ppb sugerido pela OMS (Organização Mundial de Saúde) [9].

O consumo de metais pesados resulta em efeitos biotóxicos. É essencial manter o nível de alguns metais como (Na, K, I, Ca) na sua gama específica para funções metabólicas adequadas no corpo humano, o que pode ser feito através da ingestão de alimentos seleccionados nas dietas diárias. A contaminação por metais pesados é uma séria ameaça para a saúde humana devido à sua toxicidade, bioacumulação e biomagnificação na cadeia alimentar [10].

1.3.5 Zinco

O zinco é um elemento que desempenha um papel no controlo de vários aspectos do metabolismo celular. É necessário para a atividade catalítica de várias enzimas. Também desempenha um papel no sistema imunitário, na cicatrização de feridas, na divisão celular, na síntese de ADN e de proteínas. A ingestão de Zn é necessária para o crescimento e desenvolvimento correctos.

Como o corpo não tem um sistema especializado para o armazenamento de Zn, a sobredosagem de Zn ameaça a vida humana. A absorção excessiva de Zn pode causar perturbações digestivas, incluindo dores abdominais e diarreia. Uma dose única de 225 mg pode provocar vómitos. A deposição de demasiado Zn no organismo impede a absorção de Cu da dieta. A deficiência de Cu no organismo pode diminuir os glóbulos brancos, que fazem parte do sistema imunitário humano. Um nível mais baixo de Cu também afecta os glóbulos vermelhos, impedindo o transporte de oxigénio, o que resulta em anemia [26].

No ano de 2011, foram notificados ao Gabinete Central do Registo um total de 5 370 cancros, dos quais 41% foram diagnosticados em doentes do sexo masculino e 59% no sexo feminino; 97% em adultos e 3% em crianças (com menos de 15 anos de idade). Estima-se que os casos continuam a ser subnotificados ao Registo.

Quadro 1.1 Rácio de cancro notificado no SKMRC

Total de casos notificados	Conta	%
(A subnotificação é de cerca de 40%)		
Total de tumores malignos notificados	**5370**	**100**
Feminino	3168	59.0
Masculino	2202	41.0
Cinco cancros mais frequentemente notificados Todos os grupos etários, ambos os géneros combinados (Os restantes são cancros diversos) Peito	1521	28.3
Lábio e cavidade oral	259	4.8
Linfoma não-Hodgkin	245	4.6
Colorrectal	244	4.5
Fígado	204	3.8

Estratificação por género		
Os cinco tipos de cancro mais frequentes nas mulheres		
Peito	1497	47.4
Corpo do útero	134	4.7
Ovário	117	4.1
Colorrectal	107	3.4
Lábio e cavidade oral	99	3.3
Os cinco tipos de cancro mais frequentes nos		
Próstata	193	8.8
Linfoma não-Hodgkin	149	6.8
Fígado	145	6.6
Pulmão	141	6.4
Colorrectal	137	6.2
Cinco tipos de cancro mais frequentes em crianças		
Leucemia linfoblástica aguda	22	16.3
Doença de Hodgkin	16	11.8
Linfoma não Hodgkin	15	11.1
Glioma	10	11.2

Área de estudo

As áreas seleccionadas para a recolha de amostras incluem diferentes zonas de Kasur e da estrada circular, tendo em conta que estas zonas não têm outra fonte de irrigação das terras para além dos efluentes industriais. Além disso, os animais pastam maioritariamente nestas terras. As fábricas devem estar localizadas nestas zonas. Em zonas seleccionadas, estão presentes sobretudo fábricas de aço, detergentes, tintas, têxteis e papel, cujos efluentes contêm certos metais tóxicos que são transferidos através da cadeia alimentar do solo para os seres humanos.

1.4 Papel das fábricas na poluição por metais pesados

A industrialização é uma das principais fontes de economia no Paquistão, mas, por outro lado, também desempenha um papel na poluição ambiental. As indústrias consomem grandes quantidades de água processada e depois descarregam água altamente poluída. As indústrias utilizam um grande volume desta água para diferentes fins, tais como tingimento, branqueamento, mercerização, lavagem dos produtos acabados, para os quais utilizam vários produtos químicos, tais como corantes, sais, tensioactivos, silicone, metileno, carbonatos, sulfatos e vários outros produtos químicos que permanecem nos efluentes industriais sob a forma de metais pesados, que são depois libertados em lagoas, lagos e campos próximos, através dos quais os metais são transferidos para a cadeia alimentar.

JUSTIFICATIVA

A carne é uma fonte essencial de proteínas na nossa dieta. Durante os últimos 10 anos, a quantidade de carne consumida aumentou 10%. Observou-se que em muitas zonas, como Kasur e as zonas da estrada circular, os efluentes industriais são autorizados a irrigar os campos onde são cultivadas culturas alimentares. É um facto conhecido que os metais pesados, que fazem parte dos resíduos industriais, podem ser absorvidos por estas plantas e incorporados na cadeia alimentar. Estes metais pesados, como o crómio (VI), são altamente cancerígenos. Nesta investigação, procura-se investigar a quantidade de metais pesados armazenados na carne de bovinos e caprinos, de modo a que possam ser tomadas medidas para reduzir a ocorrência de cancro na população.

Capítulo 2

REVISÃO DA LITERATURA

As actividades humanas provocaram um aumento significativo da poluição por metais pesados. Muitos cientistas estudaram esta ameaça.

Khan AT, *et al.* [12] constataram que o aumento da poluição por metais pesados (Cd, Zn, I e Cr) é motivo de grande preocupação a nível mundial e que a contaminação da cadeia alimentar por estes metais está a ganhar cada vez mais importância devido ao seu efeito adverso na saúde humana e na nutrição.

Jarup, *et al.* [10] descobriram que os metais pesados têm o potencial de se acumular em diferentes órgãos do corpo, resultando em efeitos secundários indesejáveis, uma vez que não são degradáveis e têm meias-vidas longas.

Llobet, *et al* [11] descobriram que a ingestão de metais pesados através dos alimentos constitui um risco grave e que a sua exposição a longo prazo pode conduzir a efeitos toxicológicos. A ingestão excessiva de metais pesados como o Cd, o Cr e o Hg é tóxica para as plantas, os animais e o ser humano. A maioria das pessoas está exposta a estes contaminantes através da alimentação. Consequentemente, a informação sobre a ingestão alimentar é importante para aceder aos riscos para a saúde humana.

Sabir, et al. [8] descobriram que as hipóteses de contaminação dos alimentos tinham aumentado devido à melhoria da produção alimentar e da tecnologia de transformação. Estes alimentos contaminados provocam a deposição de resíduos na carne dos animais quando ingeridos.

Smith, *et al.* [12] mostraram que a principal razão para o aumento da poluição por metais pesados na cadeia alimentar se deve à irrigação de culturas de campo com lamas industriais contaminadas, causando um problema para os animais de pastagem, uma vez que estes são utilizados para pastar nas plantas que aí crescem e ficam expostos a metais pesados que são depois transferidos para os seres humanos.

Coni, *et al.* [13] determinaram os níveis de Cd, Cu e Hg nos órgãos específicos de vacas, cabras e ovelhas e, a partir daí, observaram que estes metais estão presentes em quantidades mais elevadas no fígado e nos rins dos bovinos, em comparação com o nível destes metais no fígado e nos rins de ovelhas e cabras.

Naseer, *et al.* [26] determinaram a concentração de (Cd, Cr, Zn, Ni, Co, Cu) no coração, fígado, rim e carne de búfalo, vaca, cabra e ovelha em Kohat, Paquistão. A concentração destes metais na carne, no fígado, no coração e nos rins de búfalos, vacas, ovelhas e cabras foi de 82,83±0,060 de Cu, 1,588±0,002 de Cd e 1,588±0,002 de Zn: 1,588±0,002, Co: 8,538 ±0,019, Zn: 41,85±0,108, Cr: 15.763 ± 0.012. A concentração de metais foi inferior na carne de búfalo, vaca, ovelha e cabra em comparação com o fígado e o rim, que registam os valores mais elevados.

Aslam .B *et al.* [27] determinaram a concentração de (Cd, Cr, Ni, As e Hg) no leite de bovinos e caprinos dos principais locais de drenagem de Faisalabad, Paquistão. A concentração de metais pesados no leite de cabra variou entre Cr 0,938-1,277, Ni 20,421 - 20,402, As 0,381-0,403, Cd 0,083-0,145, Pb 41,762-43,414, enquanto que no leite de vaca encontrou concentrações de metais como Ni 22,287-22,394, Cr 1,072-1,199, Cd 0,078 - 0,147.

Chowdhury Z.A *et al* [28] efectuaram uma investigação no Bangladesh para determinar a concentração de alguns elementos essenciais como (Fe, Mg, Co, Cu, Zn) e metais tóxicos (Pb, As, Cd, Cr e Ni) na carne, produtos à base de carne e ovos. Encontraram concentrações de elementos essenciais na gama de Fe: 11-623 mg/kg, Cu: 1-165 mg/kg, Mg: 16= 1372 mg/kg, Co: 0,01-48 mg/kg, Zn: 15-295 mg/kg. Estes elementos são necessários para o ser humano e a sua concentração foi encontrada dentro dos limites de segurança. Por outro lado, a concentração de metais tóxicos foi a seguinte Pb: 0,03- 43 mg/kg, Cd: 0,01-8 mg/kg, Ni: 0,03-41 mg/kg, Cr: 0,02-5 mg/kg, As: 0,004-3 mg/kg. A concentração de metais tóxicos encontrada na amostra foi negligenciável, o que indica que o género alimentício está isento de metais tóxicos.

[th]Foram efectuadas várias investigações sobre o cádmio e verificou-se que o cádmio ocorre naturalmente e é o elemento mais abundante descoberto no século XIX.

A agência ATSDR para o registo de substâncias tóxicas e doenças [14] referiu que a concentração de cádmio na água potável pode atingir 1 parte por bilião, o que é considerado um limite admissível.

Galal-Gorchev. [15] sugeriu uma ingestão de cádmio através da dieta na ordem dos 10-35 microgramas. A ATSDR, em 1990, concluiu que o cádmio pode deslocar-se para a camada superior do solo através do movimento da água, de onde é absorvido pelas plantas, que depois são comidas pelos animais, entrando assim na cadeia alimentar. Foi relatado que doses elevadas de cádmio em cabras poderiam danificar a sua resposta imunitária.

Kranjne, *et al.* [16] verificaram que os animais são contaminados por estes metais através da alimentação, forragem e água e que os seres humanos são expostos a estes metais através da utilização de produtos lácteos como a carne. Também relacionaram a concentração de cádmio no solo e a concentração de cádmio no solo e nos órgãos de diferentes animais, que são utilizados para pastar plantas que absorvem estes metais do solo contaminado.

A ATSDR [14] mostrou a ocorrência de toxicidade de Cd em seres humanos a um nível de 1500 a 8900 ou 20 a 30 mg/kg em instalações humanas. Os sintomas da toxicidade do cádmio incluem cãibras abdominais e musculares, dores de cabeça, cansaço excessivo, choque e, por fim, morte.

Alguns investigadores estudaram a toxicidade do metal na carne e noutros órgãos do gado, de preferência no fígado e nos rins. Zasadowski, *et al.*[17] efectuaram experiências e os resultados mostraram que o cádmio é gradual e progressivamente acumulado nos tecidos animais, especialmente nos rins. O estudo de Doganoc mostrou que os rins de animais com mais de 5 anos são impróprios para consumo humano devido à presença de níveis elevados de cádmio.

Olsson, *et al.* [18] observaram que as vacas criadas segundo o modo de produção biológico apresentam níveis mais baixos de cádmio nos seus tecidos do que as vacas criadas segundo o modo de produção convencional, o que pode dever-se à diferença na sua alimentação. A poluição por cádmio em animais e plantas afecta a saúde humana e causa frequentemente efeitos carcinogénicos.

Os investigadores também se debruçaram sobre o crómio. Vaqnelin descobriu o crómio e verificou que é o 21st mineral mais abundante na crosta terrestre, combinando-se com o ferro e o oxigénio. Barnhart observou em 1997 que o crómio tem três estados de valência: crómio (0), (3) e (6).

Sdhav observou que o efeito do crómio nos seres vivos depende do seu estado de valência e concluiu que o crómio (VI) é mais cancerígeno do que os outros. Paustenbach *et a/.*[19] observaram que as águas subterrâneas dos EUA são contaminadas com crómio devido a resíduos industriais. Estima-se que a combustão do carvão e do petróleo resulte na libertação de 1723 toneladas métricas de crómio por ano.

A Administração para a Segurança e Saúde no Trabalho (OSHA) [20] sugeriu um limite de exposição admissível de 100 micro /gm^3 para o ácido crónico e os cromatos. Para os sais de crómio, o limite é de 500 micro/grama^3 . O Instituto Nacional de Segurança e Saúde no Trabalho recomendou 1 micro/grama para todos os compostos de Cr (VI), que são hipoteticamente carcinogénicos.

A ASTDR [14] encontrou o crómio como componente alimentar e está presente nos alimentos frescos e na água potável. Movat.1996 realizou uma investigação na Universidade de Guelph e verificou que o peso dos vitelos aumentou 21% com crómio orgânico.

Moonsie Shager descobriu que o suplemento de crómio é um agente anti-stress, que também desempenha um papel na diminuição do cortisol sérico. Cohen *et al.* [21] descobriram que o crómio hexavalente era carcinogénico no final do século XIX, quando surgiram tumores nasais em trabalhadores que trabalhavam com crómio. Ellis *et al.* também relataram a ocorrência de necrose tubular renal e cancro do pulmão devido à ingestão de crómio hexavalente.

Bastarche [19] trabalhou sobre o níquel e revelou que o níquel ocorre naturalmente em concentrações muito baixas. É um metal branco prateado, maleável, dúctil, lustroso, duro e ferromagnético e é um bom condutor de calor e eletricidade.

Goyer [13] descobriu que o níquel volátil é altamente tóxico. Tem a capacidade de atravessar a membrana celular devido à sua propriedade lipossolúvel e os compostos solúveis de níquel são mais tóxicos do que os compostos insolúveis.

A ASTDR [14] descobriu que o níquel entra na atmosfera através de vários processos industriais, incluindo a combustão de fósseis e a ignição de resíduos. A inalação de grandes quantidades de níquel tóxico pode danificar o sistema respiratório e imunitário dos seres vivos.

O níquel contamina os alimentos durante os processos de industrialização. A EPA [22] concluiu que um adulto pode ingerir níquel a um nível de 100 a 300 pg dia-1. Alguns investigadores estudaram o nível de níquel no fígado como sendo 0,231 mg kg-1 , enquanto no tecido muscular a sua concentração era de 0,350 mg kg^{-1} .

A ASTDR [14] sugere que a quantidade de níquel na água potável é geralmente inferior a 20 ug/L. A exposição oral ao níquel pode provocar danos nos rins, bem como alguns distúrbios reprodutivos observados em animais. O níquel inalado pode causar danos nos pulmões.

O zinco encontra-se naturalmente no ar, na água e no solo, mas as concentrações de zinco estão a aumentar de forma não natural, devido à acumulação de zinco através das actividades humanas. A maior parte do zinco é adicionada durante as actividades industriais, como a combustão de carvão e de resíduos, a exploração mineira e o processamento de aço. Muitos produtos contêm certas concentrações de zinco. Uma certa quantidade de zinco encontra-se também na água potável, sendo mais elevada quando esta é armazenada em tanques metálicos. A água potável contaminada com fontes de resíduos industriais pode aumentar o nível de zinco que causa problemas de saúde. O zinco é um oligoelemento importante para a saúde humana. A falta de zinco pode causar defeitos de nascença. A água está contaminada com zinco, devido à presença de grandes quantidades presentes nas águas residuais das instalações industriais. Estas águas residuais não são higienizadas de forma satisfatória. Um dos efeitos é a deposição de lamas contaminadas com zinco nas margens dos rios. O zinco pode também aumentar a acidez das águas. O zinco solúvel em água que se encontra nos solos pode contaminar as águas subterrâneas. As plantas têm frequentemente uma absorção de zinco que os seus sistemas não conseguem suportar, devido à acumulação de zinco nos solos, e é capaz de se biomagnificar na cadeia alimentar [21].

O Conselho Nacional de Investigação dos EUA sugeriu que o limite admissível de ingestão de Zn fosse de 15mg/dia. Jozef *et al.* referiram que o Zn se acumulava nos órgãos dos animais devido ao facto de estes se alimentarem continuamente de plantas que são contaminadas por emissões industriais. Deste modo, este metal entra na cadeia alimentar e prejudica a saúde humana. Fosmire [23] relatou sintomas de toxicidade do Zn como diarreia, vómitos, urina com sangue, iterícia (membrana mucosa amarela), insuficiência hepática, insuficiência renal e anemia.

Holum referiu o elemento cálcio como um elemento vital no metabolismo humano. É um elemento muito importante na produção de ossos e dentes fortes nos mamíferos. Estima-se que a ingestão de cálcio seja de 50mg/L de água potável. O organismo pode tolerar doses elevadas de cálcio, uma vez que este é bem regulado pelas hormonas tirocalcitonina e paratormona.

O sódio é um catião essencial no organismo e está envolvido na regulação do potencial de membrana trans, mas os peritos da Organização Mundial de Saúde (OMS) e da Organização das Nações Unidas para a Alimentação e a Agricultura (FAO) [24] indicam a influência do sódio na pressão sanguínea e o aumento das probabilidades de doença coronária e acidente vascular cerebral. A concentração mais elevada de sódio (5,38 mg/g) foi encontrada no fígado da carne de bovino.

É um elemento essencial e está envolvido na manutenção da veracidade da membrana. Foi detectada uma maior concentração de potássio (2,43 mg/g) na carne magra de carneiro e uma menor (1,44 mg/g) no rim de vaca.

A EPA [23] descobriu que o cobalto é um elemento que ocorre naturalmente no ambiente. As pessoas são expostas a ele através do ar, dos alimentos e da água potável. Os Estados Unidos estimam que a concentração média de cobalto no ar é de 0,0004 ug/m^{-3} . Contudo, nas zonas industriais, atinge um nível de 0,61 ug/m^{-3} .

A ASTDR [14] estimou que a ingestão média de cobalto através dos alimentos é de 5-40ug /dia. A exposição crónica ao cobalto pode provocar efeitos respiratórios, como pieira, irritação respiratória, diminuição da função pulmonar, fibrose, asma e pneumonia. Muitos estudos referem também efeitos gastrointestinais, como náuseas, vómitos e diarreia, decorrentes da exposição ao cobalto em seres humanos. A ingestão de cobalto pode também resultar em lesões hepáticas.

A Cal EPA [23] comunicou que a injeção direta de cobalto sob a pele ou o músculo provoca tumores no local da injeção.

Isto indica que vários metais como (Cd, Cu, Hg, Ni) são carcinogénicos para os seres vivos quando ingeridos até ao limite permitido.

OBJECTIVOS E METAS

1. Avaliar a concentração de alguns metais pesados (Cd, Cu, Ni, Zn) em diferentes níveis da cadeia alimentar.
2. Medir o grau de transferência destes elementos dos produtores primários para os consumidores primários e secundários.
3. Delinear as áreas em que o aumento da taxa de cancro está associado ao nível de metais tóxicos nos alimentos.

Capítulo 3

EXPERIMENTAL

3.1 Recolha de amostras

A carne, o fígado e a forragem das vacas foram recolhidos em dois locais diferentes da cidade de Lahore, ou seja, Kasur e Ring Road. Foram seleccionadas três áreas de cada local para a recolha de amostras. Foram seleccionadas aleatoriamente 6 vacas para recolha de carne, fígado, leite e alimentos para análise. Estas amostras foram recolhidas em sacos de polietileno e congeladas a -4C.

Durante a recolha de amostras, devem ser tidos em conta os seguintes pontos

- As amostras foram recolhidas em zonas com mais fábricas.
- Animais que estavam a receber forragens cultivadas em zonas irrigadas com efluentes industriais.
- Não existe uma fonte alternativa de água para irrigação e utilização pelos animais dessa zona.

3.2 Produtos químicos

- Ácido nítrico
- HCl
- Peróxido de hidrogénio
- Água destilada
- Água desionizada

Sais utilizados na preparação de padrões

- Sulfato de níquel
- Sulfato de zinco
- Sulfato de cobre
- Sulfato de cádmio
- Sulfato de cobalto

3.3 Método de preparação de padrões

Colocou-se a quantidade calculada do sal num erlenmeyer de 1000 ml e adicionou-se água destilada até à marca para obter uma solução de 1000 ppm. A fórmula $C V_{11} = C2V2$ foi utilizada para calcular diferentes concentrações do mesmo sal para produzir diferentes padrões. A quantidade calculada da solução foi retirada da solução de 1000 ppm para um erlenmeyer de 100 ml e depois encheu-se o erlenmeyer com água destilada até ao nível marcado. O mesmo procedimento foi utilizado para todos os sais.

3.4 Digestão por micro-ondas para preparação de amostras

Homogeneizou-se 5 g de carne com um homogeneizador. Adicionaram-se 2 ml de água destilada, 2 ml de ácido nítrico e 4 ml de peróxido de hidrogénio a 5 ml de solução de carne. O frasco de vidro contendo a mistura foi tapado com uma tampa e aquecido num forno de micro-ondas durante 2 minutos. Após 2 minutos de arrefecimento à temperatura ambiente, a amostra foi novamente aquecida durante curtos intervalos de tempo até se obter uma solução límpida.

Homogeneizador

Equipamento utilizado para a homogeneização de vários tipos de materiais, como tecidos, plantas e alimentos. É utilizado para efetuar uma mistura de dois líquidos não solúveis entre si.

3.5 Técnica utilizada

Espectroscopia de absorção atómica

Esta amostra preparada é agora submetida a espetroscopia de absorção atómica para detetar a concentração de vários metais nas amostras submetidas.

A espetroscopia atómica é a determinação da composição de um elemento através do seu espetro eletromagnético ou de massa. A espetroscopia atómica está intimamente relacionada com outras formas de espetroscopia. Pode ser dividida pela fonte de atomização ou pelo tipo de espetroscopia utilizada. O princípio básico é a passagem de luz através de um conjunto de átomos. Se o comprimento de onda da luz tiver energia correspondente à diferença de energia entre dois níveis de energia nos átomos, uma parte da luz será absorvida. A relação entre as concentrações de átomos, a distância que a luz percorre através da coleção de átomos e a lei de Beer-Lambert fornece a porção de luz absorvida [25].

RESULTADOS

O presente estudo foi realizado para detetar a concentração de metais pesados na carne de vaca utilizando a espetroscopia de absorção atómica. Os dados foram divididos em dois grupos para uma análise comparativa da zona com maior concentração de metais na carne, no fígado, no leite e nos alimentos de vaca.

Quadro 4.1a Normas para o cobalto

Concentração (ppm)	Absorvância
1	0.001
2	0.004
3	0.009
4	0.013
5	0.013
6	0.014
7	0.017
8	0.019
9	0.021
10	0.024

Quadro 4.1b Concentração de Co em amostras de carne, fígado, leite e forragens (mg/Kg)

	CARNE	FÍGADO	LEITE	ALIMENTOS
BHAMA (ESTRADA CIRCULAR)	16.458	3.958	3.958	3.958
ESTRADA DE BHAINI	12.292	16.458	1.875	53.125
KAROL GHATTI	1.458	8.125	28.958	6.875
KASUR RAIWIND ROAD	0.625	0	166.458	0.208
RAJA JANG (KASUR)	12.29	3.958	1.458	2.2917
RAO WALA KHAN (KASUR)	33.125	20.625	37.291	6.042

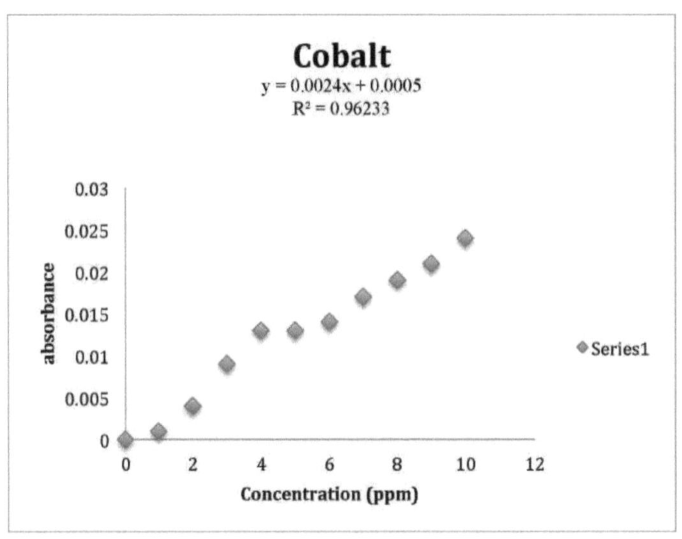

Fig 4.1a Standards for Cobalt

CARNE

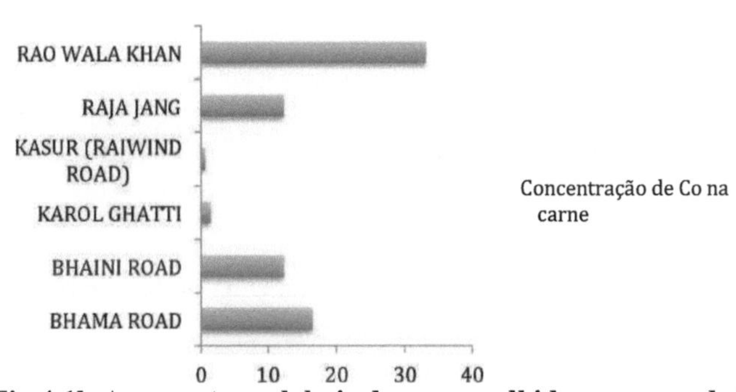

Fig 4.1b As amostras globais de carne colhidas na zona de Kasur têm a concentração mais elevada de cobalto.
concentração de cobalto.

FÍGADO

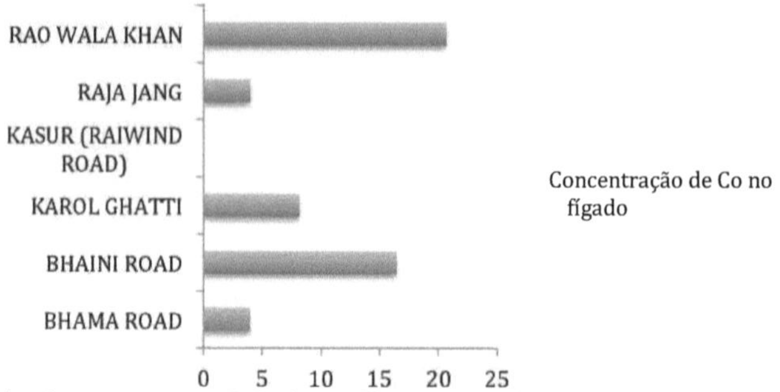

Fig 4.1c As amostras globais de fígado colhidas na zona de Kasur apresentam a concentração mais elevada de cobalto.

LEITE

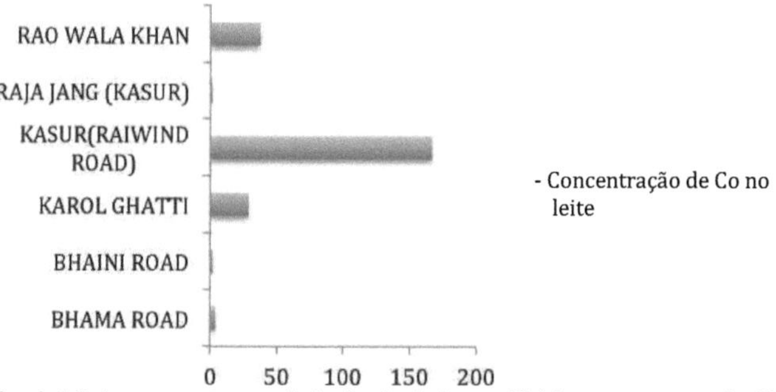

Fig 4.1d As amostras globais de leite colhidas na zona de Kasur têm a concentração mais elevada de cobalto.

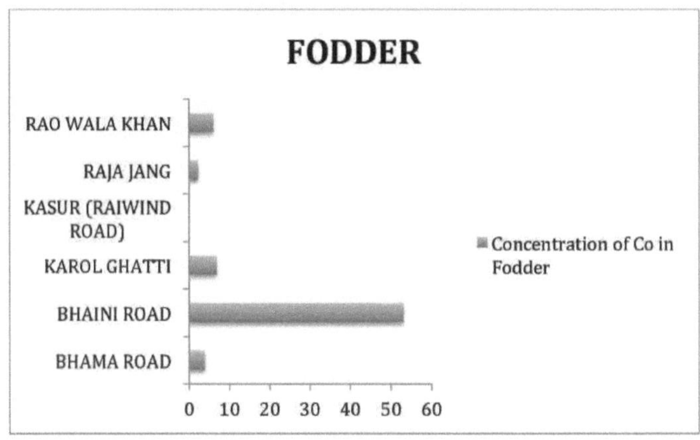

Fig 4.1e As amostras globais de forragens colhidas na zona de Kasur apresentam a
concentração mais elevada
de cobalto.

Concentração de Co em todas as amostras

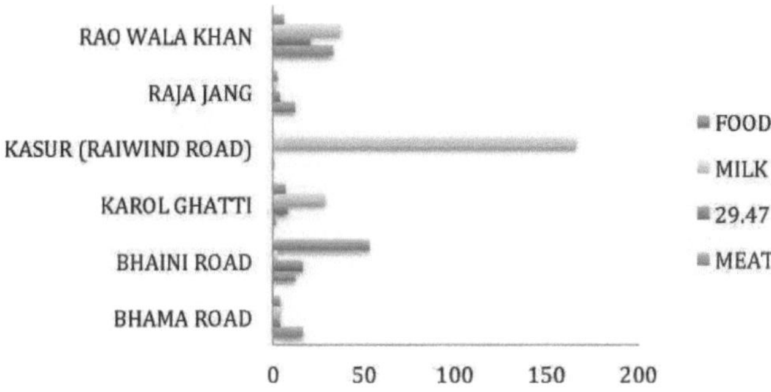

Fig 4.1f Todas as 24 12 amostras colhidas em Kasur têm a concentração mais elevada de
de Cobalto em comparação com a estrada circular.

Concentração (ppm)	Absorvância
1	0.054
2	0.114
3	0.165
4	0.202
5	0.252
6	0.296
7	0.323
8	0.355
9	0.412
10	0.452

	CARNE	FÍGADO	LEITE	ALIMENTOS
BHAMA (ESTRADA CIRCULAR)	0.242	0.4061	3.844	0.4765
ESTRADA DE BHAINI	0.2887	0.382	1.63	0.3357
KAROL GHATTI	0.32	0.3592	0.25	0.2
KASUR RAIWIND ROAD	0.29	1.09	0.11	0.3122
RAJA JANG (KASUR)	0.4061	0.3357	0.2653	0.383
RAO WALA KHAN (KASUR)	0.3357	0.3122	0.2653	0.383

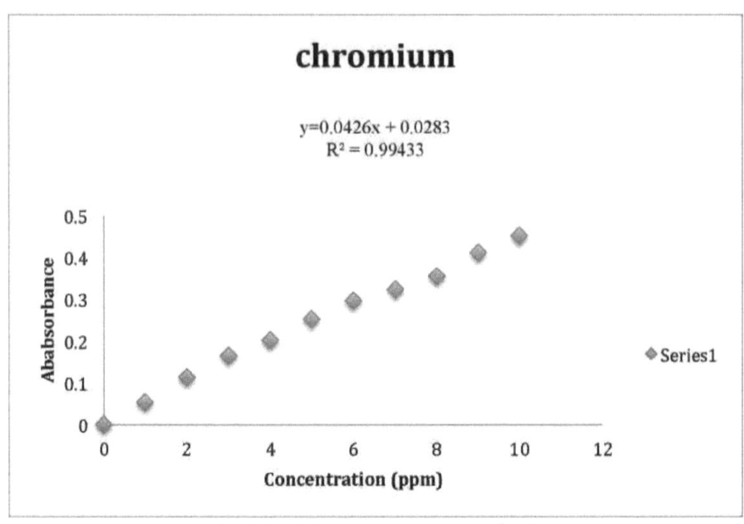

Fig 4.2a Normas para o crómio

Carne

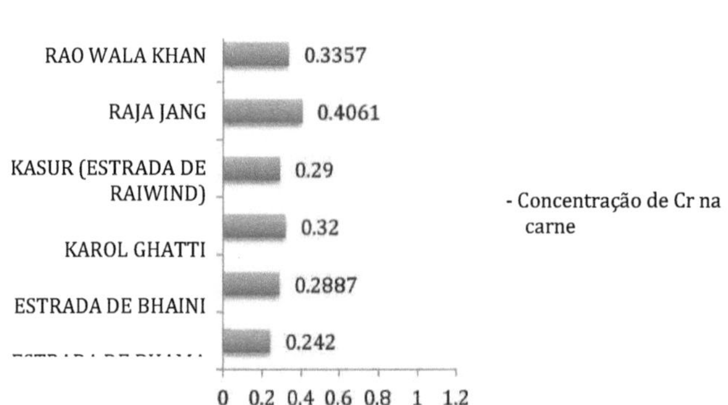

Fig 4.2b As amostras globais de carne colhidas na zona de Kasur apresentam a concentração mais elevada
de crómio.

FÍGADO

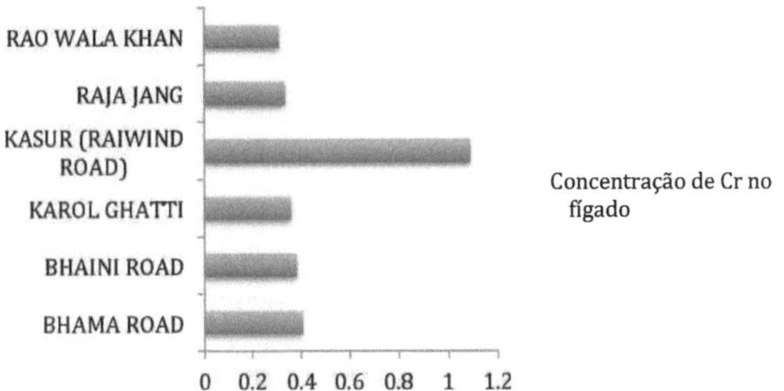

Fig 4.2c As amostras globais de fígado colhidas na zona de Kasur apresentam a concentração mais elevada de crómio.

LEITE

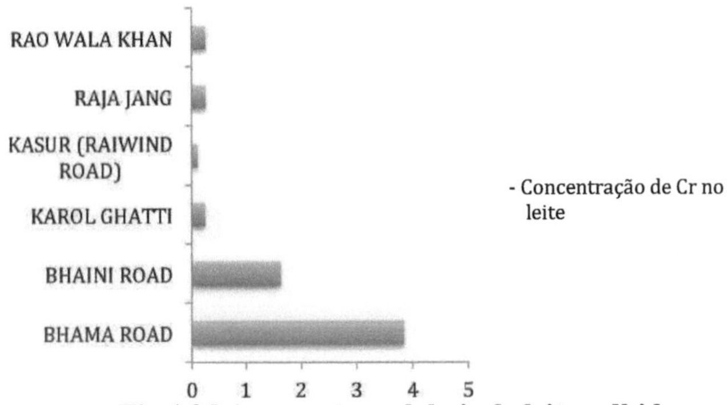

Fig 4.2d As amostras globais de leite colhidas na zona de Bhama e Bhaini (estrada circular) têm a concentração mais elevada de crómio.

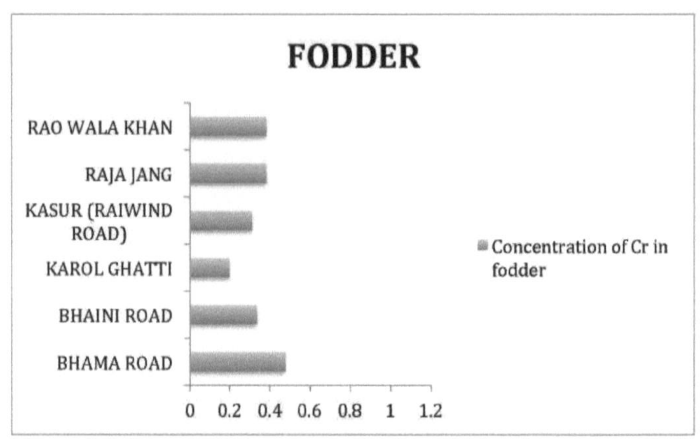

Fig 4.2e As amostras globais de forragem colhidas na zona de Kasur têm a concentração mais elevada de crómio

concentração de Cr nas amostras globais

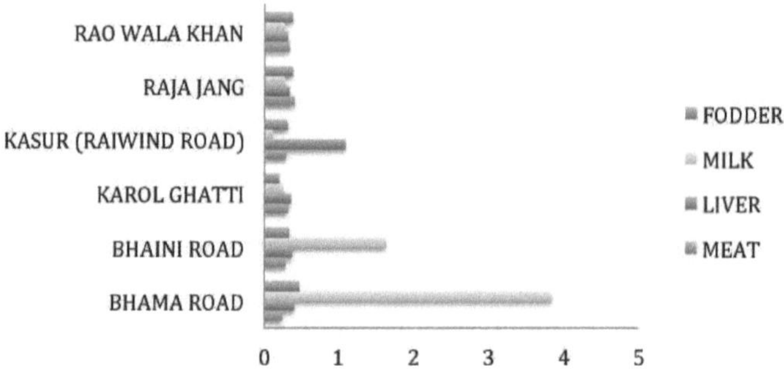

4.2f As zonas da circunvalação em geral têm a concentração mais elevada de crómio, devido aos níveis mais elevados de crómio nas amostras de leite de Bhama e Bhaini (zona da circular).

Quadro 4.3a Normas para o ZINCO

Concentração (ppm)	Absorvância
1	0.11
2	0.13
3	0.15
4	0.18
5	0.204
6	0.28
7	0.37
8	0.45
9	0.52
10	0.58

	CARNE	FÍGADO	LEITE	ALIMENTOS
BHAMA (ESTRADA CIRCULAR)	19.6	25.7	9.608	28.19
ESTRADA DE BHAINI	22.5	14.4	5.375	20.09
KAROL GHATTI	19.4	21.5	3.88	24.24
KASUR RAIWIND ROAD	20	77.43	18.15	13.15
RAJA JANG (KASUR)	13.9	10.81	6.625	25.05
RAO WALA KHAN (KASUR)	17.6	14.16	3.197	13.68

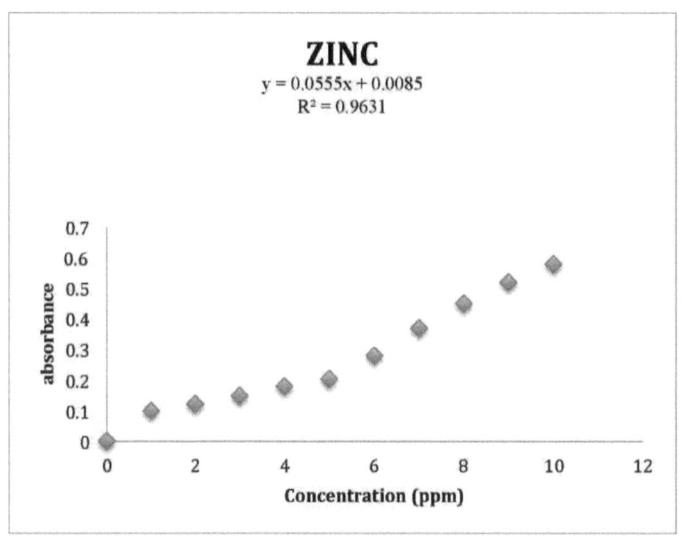

Fig 4.3a Standards for Zinc

CARNE

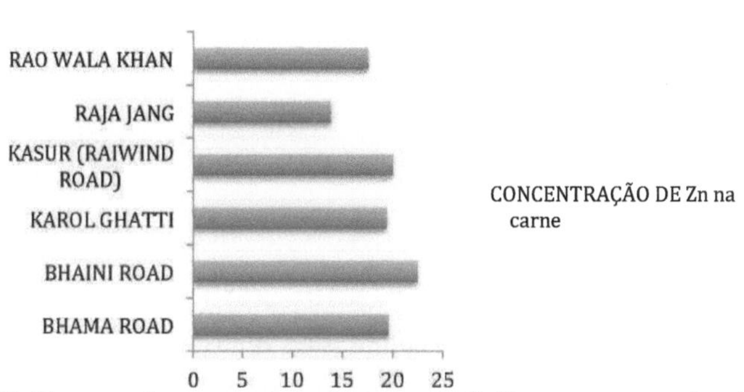

Fig 4.3b Em geral, as amostras de carne colhidas nas zonas da circular têm a concentração mais elevada de zinco.

FÍGADO

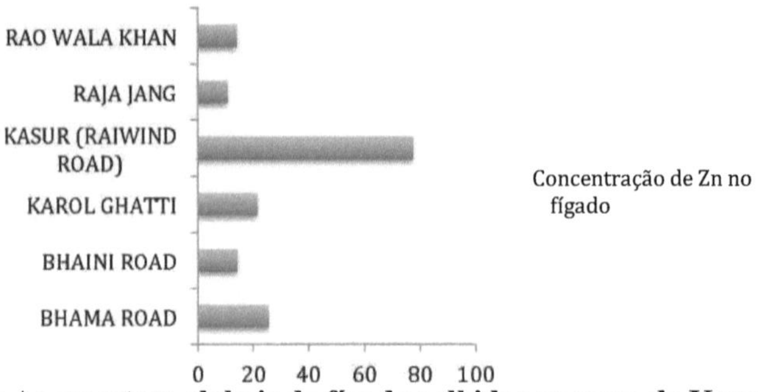

Fig 4.3c As amostras globais de fígado colhidas na zona de Kasur apresentam a concentração mais elevada de zinco.

LEITE

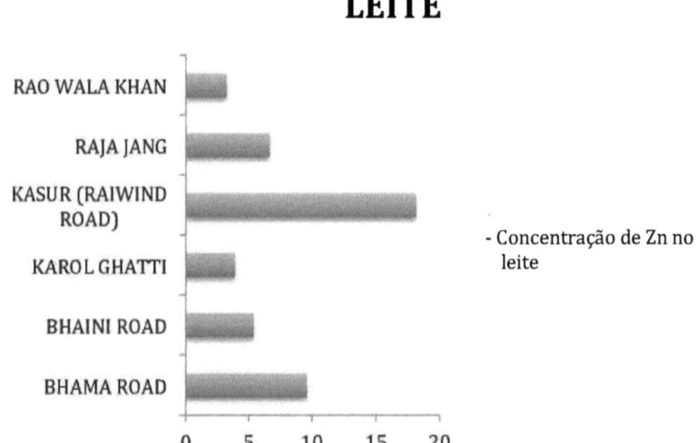

Fig 4.3d As amostras globais de fígado colhidas na zona de Kasur apresentam a concentração mais elevada de crómio.

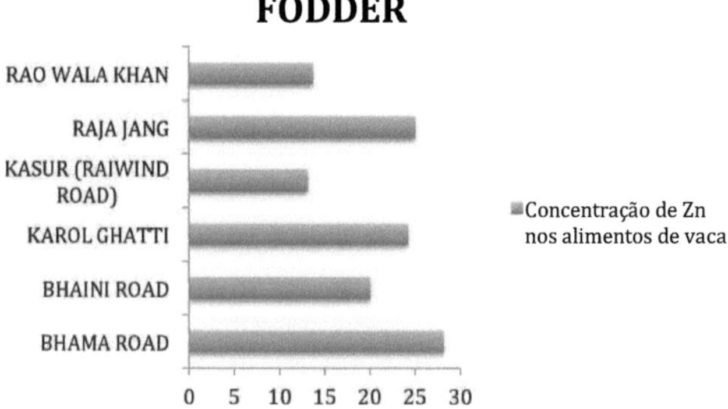

Fig 4.3e As amostras globais de forragem colhidas na zona de Kasur apresentam a

concentração mais elevada
de zinco.

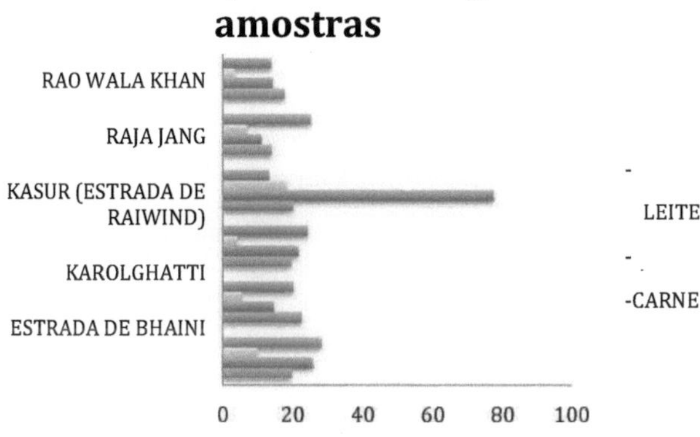

Fig 4.3f Em todas as 24 amostras, Kasur tem a concentração mais elevada de Zn devido
ao elevado nível de Zn nas amostras de fígado da estrada de Raiwind Kasur.

Concentração (ppm)	Absorvância
1	0.008
2	0.0134
3	0.0169
4	0.0192
5	0.0224
6	0.0265
7	0.03
8	0.0321
9	0.0371
10	0.0385

	CARNE	FÍGADO	LEITE	ALIMENTOS
BHAMA (ESTRADA CIRCULAR)	0.14	23.2	26.1	0.05
ESTRADA DE BHAINI	4.14	14.71	209	3.571
KAROL GHATTI	14.71	11.85	29	9
KASUR RAIWIND ROAD	11.85	0	0	11.85
RAJA JANG (KASUR)	20.4	26.1	49.04	0,42
RAO WALA KHAN (KASUR)	14.71	17.57	20.4	9

Cádmio

$$y = 0,0036x + 0,0041$$
$$R^2 = 0,97936$$

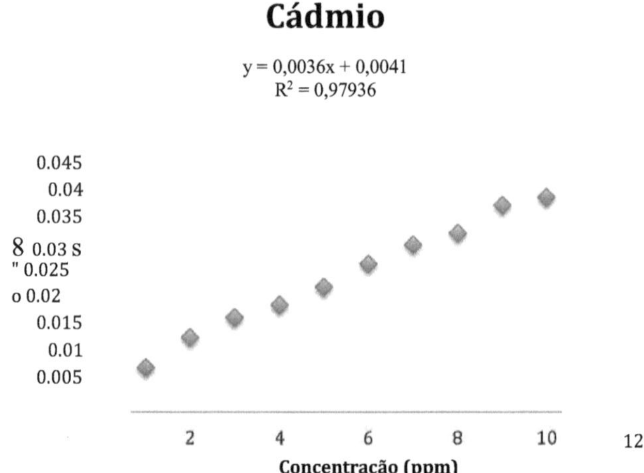

Fig 4.4a Normas para o cádmio.

CARNE

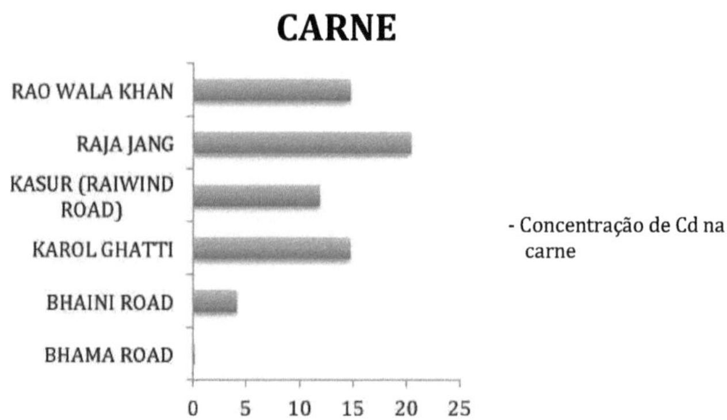

Fig. 4.4b As amostras globais de carne colhidas na zona de Kasur apresentam a

concentração mais elevada

de cádmio.

FÍGADO

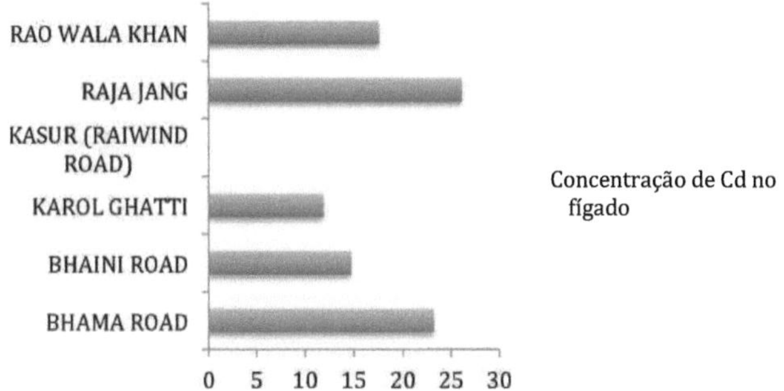

Fig 4.4c As amostras globais de fígado colhidas nas zonas da estrada circular apresentam a
concentração mais elevada de cádmio.

LEITE

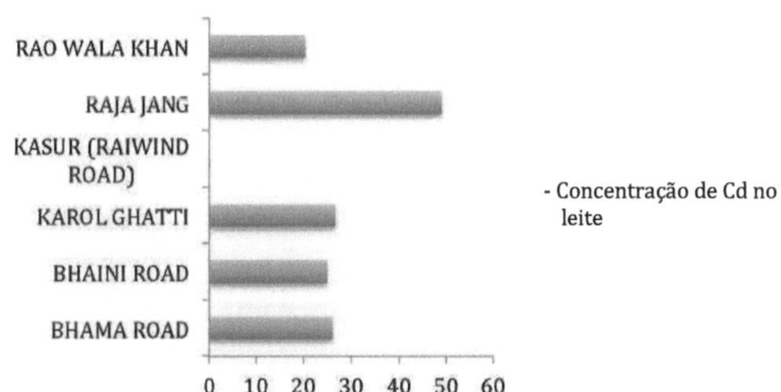

Fig 4.4d Em geral, as amostras de leite colhidas nas zonas da circular apresentam a
concentração mais elevada de cádmio.

FODDER

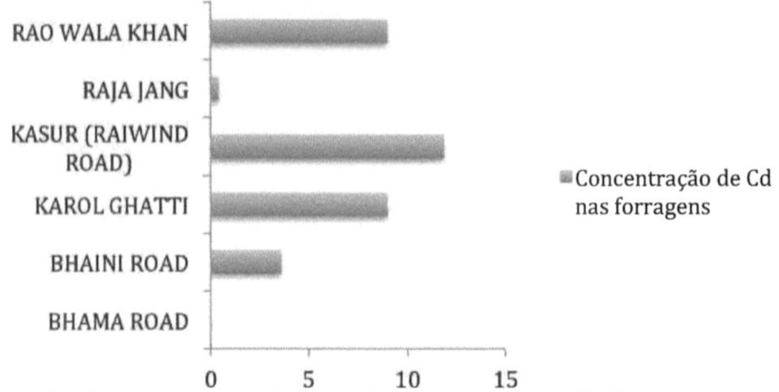

**Fig 4.4e As amostras globais de forragem colhidas na zona da circular apresentam a concentração
mais elevada de cádmio.**

Concentração de Cd em todas as amostras

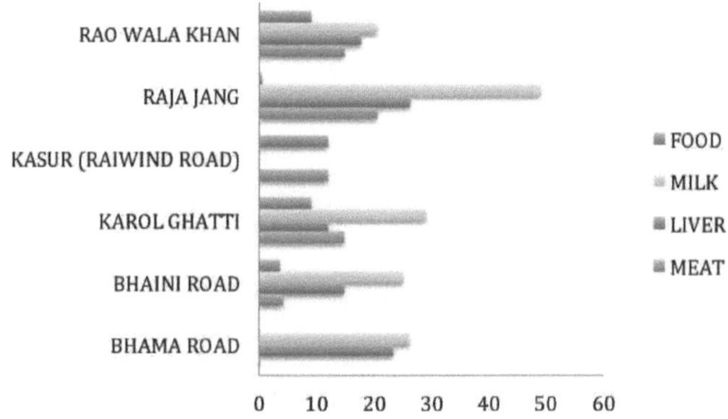

**Fig 4.4f Em todas as 24 amostras, foi encontrada uma concentração mais elevada de cádmio
nas amostras de Kasur, devido ao elevado nível de Cd nas amostras de leite da zona de
Kasur.**

Concentração	Absorvância
1	0.011
2	0.015
3	0.019
4	0.023
5	0.026
6	0.028
7	0.03
8	0.033
9	0.033
10	0.037

	CARNE	FÍGADO	LEITE	FODDER
BHAMA (ESTRADA CIRCULAR)	2.45	1.29	2.54	1.70
ESTRADA DE BHAINI	19.20	31.7	65.04	0.45
KAROL GHATTI	4.20	23.3	2.125	47.54
KASUR RAIWIND ROAD	10.875	23.38	10.87	19.20
RAJA JANG (KASUR)	27.54	2.54	19.20	23.38
RAO WALA KHAN (KASUR)	15.45	23.37	48.37	10.88

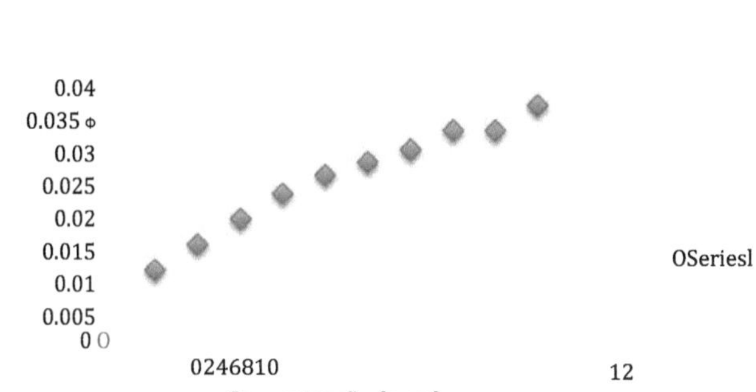

Fig 4.5a Padrões para o níquel

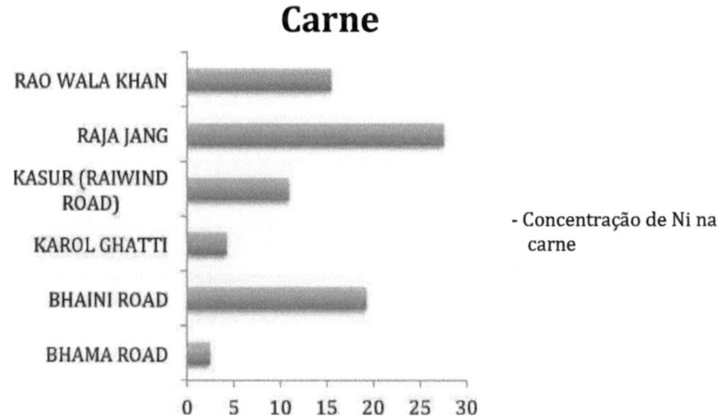

Fig 4.5b As amostras globais de carne colhidas na zona de Kasur têm a concentração mais elevada de níquel.

FÍGADO

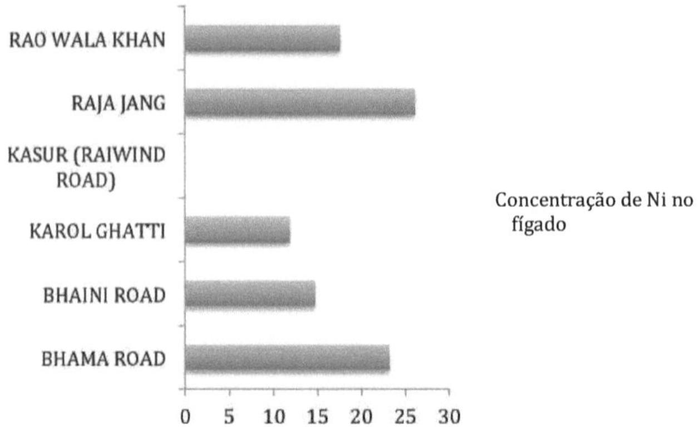

Fig 4.5c As amostras globais de fígado colhidas na zona de Kasur apresentam os valores mais elevados de

concentração de níquel.

LEITE

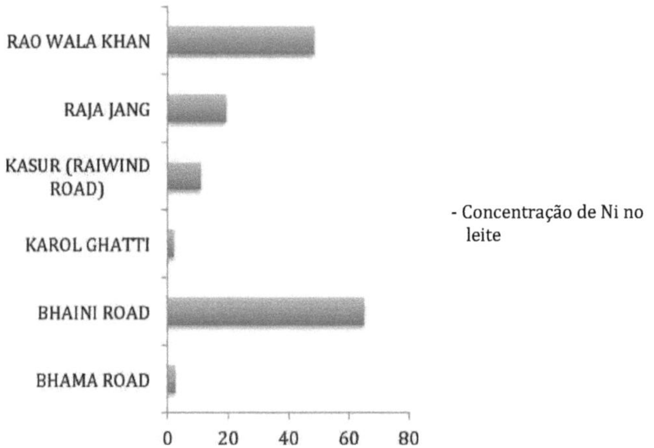

Fig 4.5d As amostras de mik recolhidas na zona de Kasur têm a concentração mais elevada de níquel.

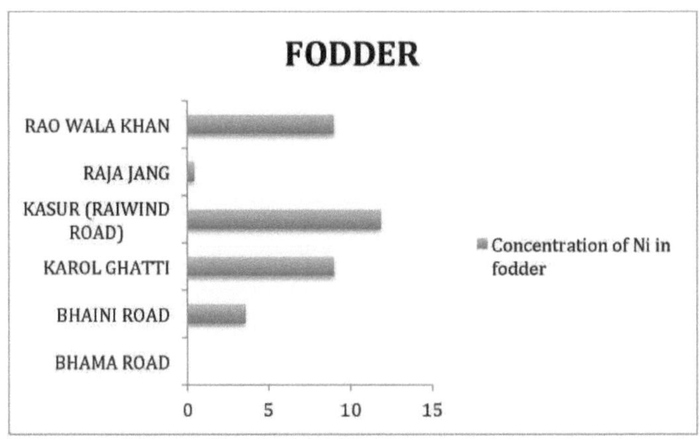

Fig 4.5e As amostras globais de forragem colhidas na zona de Kasur apresentam a concentração mais elevada de níquel.

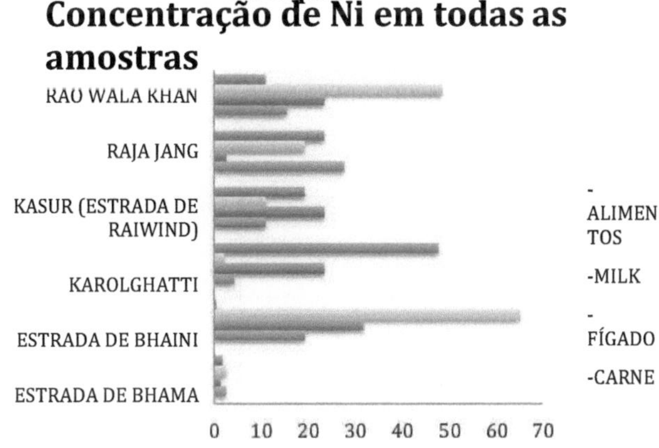

Fig 4.5f Todas as amostras colhidas nas zonas de Kasur têm a maior concentração de níquel.

Concentração	Absorvância
1	0.021
2	0.024
3	0.025
4	0.03
5	0.032
6	0.036
7	0.044
8	0.051
9	0.056
10	0.058

Quadro 4.6b Concentração de cobre na carne, fígado, leite e forragens.

	CARNE	FÍGADO	LEITE	FODDER
BHAMA (ESTRADA CIRCULAR)	12.8	10.61	6.06	10.61
ESTRADA DE BHAINI	8.34	15.15	0	1.06
KAROL GHATTI	0.15	12.88	5.15	3.79
KASUR RAIWIND ROAD	1.52	1.52	0	0.38
RAJA JANG (KASUR)	0.9	10.61	0.22	2.20
RAO WALA KHAN (KASUR)	1.75	8.34	0.61	0.84

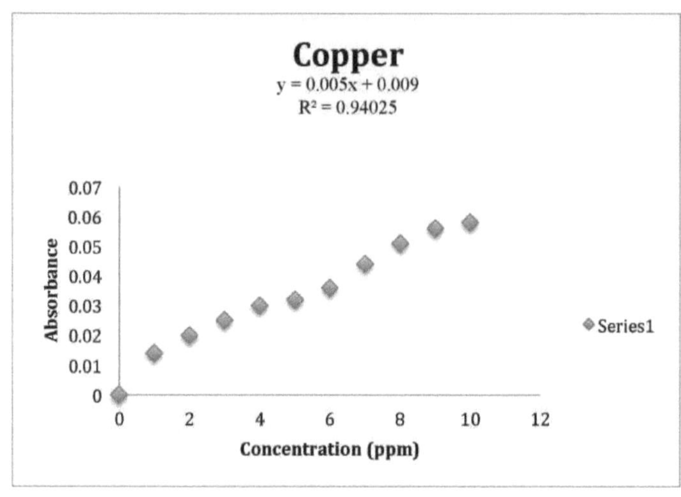

Fig 4.6a Padrões para o cobre

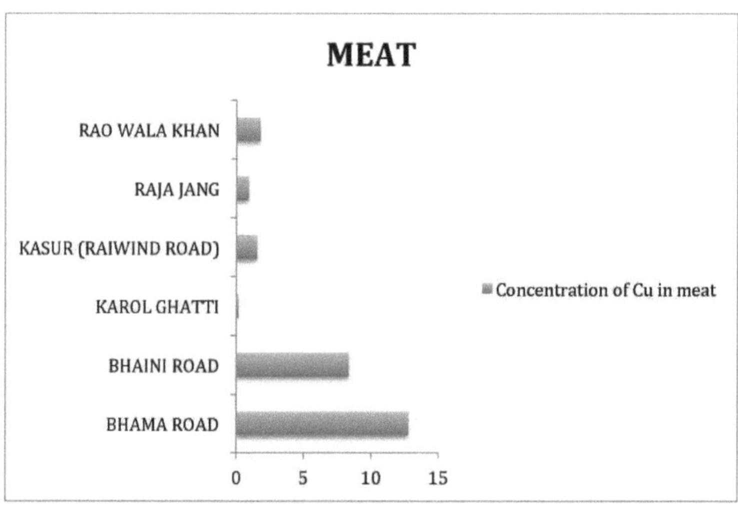

Fig 4.6b As amostras globais de carne colhidas na zona da circular apresentam a concentração mais elevada de cobre.

FÍGADO

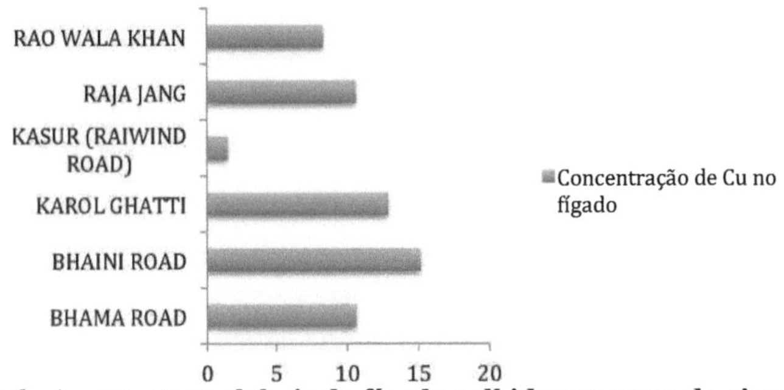

Fig 4.6c As amostras globais de fígado colhidas na zona da circular apresentam a concentração mais elevada de cobre.

LEITE

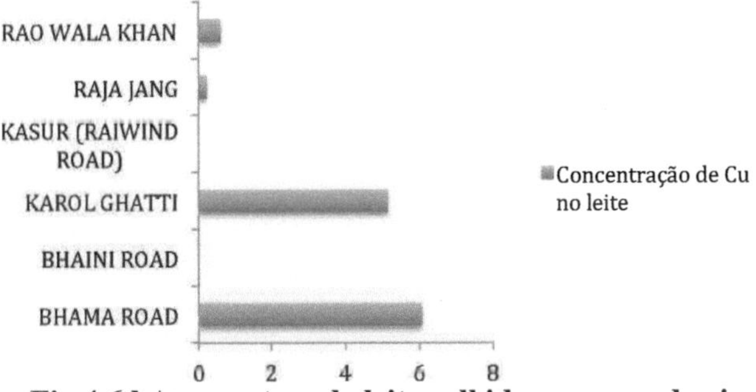

Fig 4.6d As amostras de leite colhidas na zona da circular têm a concentração mais elevada de cobre.

FODDER

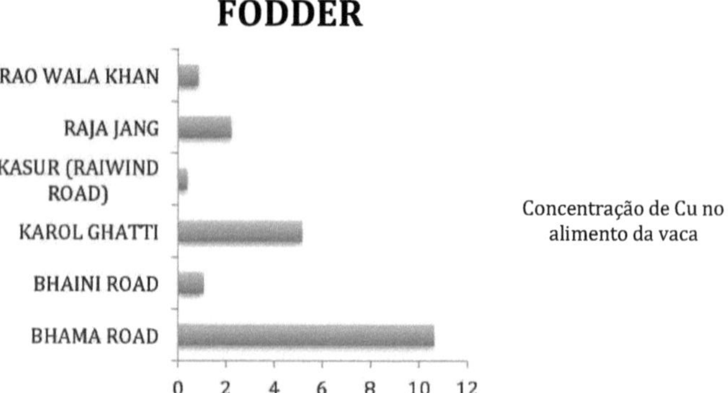

Fig 4.6e As amostras globais de forragem colhidas na zona da circular apresentam a
concentração mais elevada de cobre,

Concentração de Cu em geral amostras

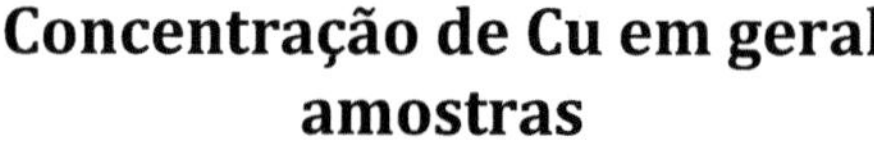

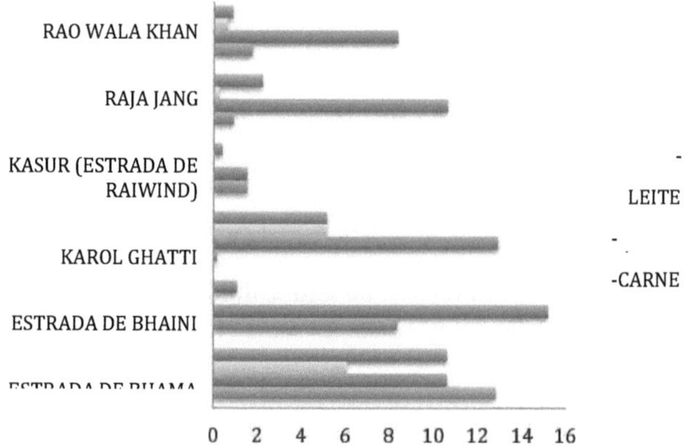

**Fig 4.6f Todas as amostras da zona da circular têm a
concentração mais elevada
de cobre.**
OBSERVAÇÕES E DEBATE

5.1 Observações

As seis amostras testadas revelaram uma concentração muito elevada de cobalto. A concentração manteve-se acima do intervalo aceitável estabelecido pelas normas da OMS para a carne e o leite consumíveis[29].

A concentração mais baixa de Co^{+2} foi registada no fígado de búfalos de Raiwind road Kasur, onde não apareceu de todo na amostra. A mais elevada foi registada na amostra de leite das búfalas de aiwind road Kasur. Em média, a concentração de cobalto permaneceu mais elevada na zona de Kasur, em comparação com as zonas de Ring Road Lahore. Em média, a concentração de cobalto permaneceu mais elevada na zona de Kasur em comparação com as zonas da circular de Lahore. Em média, a concentração de cobalto manteve-se mais elevada nas amostras de leite de ambas as zonas, seguida das forragens da circular. Curiosamente, a concentração deste metal pesado foi mais baixa nas forragens colhidas em Kasur.

Em geral, a concentração de crómio manteve-se na gama de segurança. Estas eram inferiores às normas estabelecidas pela OMS [27] para o crómio.

Em média, a concentração de crómio foi mais elevada na zona da circular (0,73) do que na zona de Kasur (0,37). A concentração mais baixa de crómio foi observada na amostra de forragem de Karol Ghati, na zona da circular, e a concentração mais elevada (3,844) foi observada na amostra de leite colhida na estrada de Bhama, que também se situa na zona da circular.

Nas 24 amostras testadas, a concentração de Cd foi detectada como sendo elevada em 21 amostras. A concentração mais elevada de cádmio foi encontrada no leite de búfala da amostra de Raja Jang (Kasur). Globalmente, Kasur tem a concentração mais elevada de cádmio em todas as amostras. No entanto, todas as amostras apresentaram concentrações de cádmio superiores ao limite aceitável (0,0228 ppm) recomendado pela OMS. [30]

Nas amostras estudadas, Kasur tem a maior concentração global de níquel. Observou-se que todas as amostras de leite têm uma concentração mais elevada de níquel. Em todas as 24 amostras estudadas, a concentração de níquel manteve-se dentro do intervalo aprovado pela OMS/FAO. [30]

A menor concentração de zinco foi encontrada nas forragens dadas aos búfalos e nas amostras de carne da aldeia de Raja jang (Kasur). A concentração mais elevada foi encontrada no fígado de búfalos de Raiwind road Kasur. No entanto, esta concentração está dentro dos limites aceitáveis para a carne consumível. [30]

Observou-se que todas as amostras da estrada circular têm uma concentração mais elevada de cobre do que as da zona de Kasur. A amostra de carne da aldeia de Bhama (estrada circular) tem a maior concentração de cobre. No entanto, todas as amostras apresentaram uma concentração de cobre dentro dos limites de segurança.

5.2 Discussão

A baixa concentração de crómio, mesmo em Kasur, que, de resto, é famosa pela elevada concentração de crómio, deveu-se possivelmente ao facto de a vegetação ser irrigada pelos efluentes das fábricas vizinhas, que incluem a indústria têxtil, do papel e das tintas. Estes três tipos de fábricas e a indústria do sabão e do aço da zona da circular não utilizam habitualmente crómio no processo de fabrico.

Embora muito abaixo do valor-limite para o crómio, a investigação sugere que o crómio é segregado no leite e constitui uma ameaça muito maior para a sociedade se as búfalas forem criadas em áreas de elevada contaminação por crómio. Esta observação foi apoiada por [28], que sugere que a maioria dos metais é libertada nas secreções corporais, como o leite. Este pode ser um mecanismo de defesa do corpo para se proteger de uma quantidade excessiva de metais. No entanto, o problema surge pelo facto de o leite ser consumido pelos vitelos durante um período muito curto, sendo que dificilmente se alimentam de leite durante 2-3 meses. Por outro lado, as pessoas que consomem leite durante muito tempo compram-no normalmente ao mesmo leiteiro.

Os resultados do presente estudo indicam que a concentração de metais pesados como Zn, Cd, Co e Ni nas amostras recolhidas em Kasur é mais elevada do que na zona da estrada circular. Isto deve-se ao facto de a zona de Kasur ter mais fábricas do que a zona da estrada circular, o que liberta uma grande quantidade de efluentes industriais nas terras próximas. Além disso, em Kasur, os animais costumam pastar mais em campos abertos do que os animais da estrada circular, onde não são criados em terrenos contaminados. Os animais criados em terrenos contaminados têm uma maior concentração destes resíduos nos seus órgãos.

Os resultados indicam também que o leite tem uma concentração mais elevada destes resíduos. Isto deve-se ao facto de os animais em lactação acumularem uma maior concentração nas suas secreções, como o leite. [28]

Os resultados do presente estudo indicam que a concentração de metais pesados, como o Cr e o Cu, nas amostras recolhidas na estrada circular é mais elevada do que na zona de Kasur, o que se deve ao facto de a zona da estrada circular ter mais fábricas de aço, que utilizam estes metais para o processo de galvanoplastia e libertam grandes quantidades de efluentes industriais nos cursos de água ou nos esgotos próximos. Quando os animais bebem essa água contaminada, acumulam esses metais tóxicos nos seus corpos. Além disso, esta zona é, na maioria das vezes, inundada pelas águas do rio Ravi, que contêm produtos químicos tóxicos de diferentes áreas.

A concentração de metais nas forragens mostra que estes animais pastam em campos contaminados, que são irrigados com efluentes industriais. O consumo de forragens contaminadas resulta na acumulação destas toxinas em diferentes órgãos dos animais.

CONCLUSÃO

- O nível de resíduos de metais pesados (Co e Cd) é mais elevado nas amostras, em comparação com os valores registados na literatura.
- Os efluentes industriais resultam na transferência de metais para a cadeia alimentar.
- A ingestão destes metais pesados até aos limites dietéticos revela-se carcinogénica para a saúde humana.
- A secreção de búfalos, como o leite, tem a maior concentração de resíduos de metais em comparação com todas as outras amostras.

LIMITAÇÕES

- Foi difícil recolher as amostras.
- Era difícil convencer os proprietários das fábricas a obter informações sobre as suas fábricas.
- A comunicação com as pessoas das zonas rurais era difícil, porque não conseguiam compreender bem.

RECOMENDAÇÕES

- A água utilizada para fins agrícolas e domésticos deve ser tratada adequadamente antes de ser utilizada, especialmente em zonas industriais.
- Todas as amostras comestíveis que ultrapassem o limite admissível de metais tóxicos devem ser declaradas não seguras para a saúde humana.
- Os sectores público e governamental devem cooperar para encontrar uma solução para este problema crescente.

Referências

1) . Szyczewski P, Siepak J, Niedzielski P, *et al.* Investigação sobre metais pesados na Polónia. Polish J.of Environ.Stud.(2009);18(5):755-768.

2)   . Duruibe JO, Ogwuegbu MOC, Egwurugwu JN. Poluição por metais pesados e efeitos biotóxicos no ser humano. Revista Internacional de Ciências Físicas. (2007); 2(5): 112-118.

3)   Fernandes AG, Ternero M, Barragan GF. (2000); 2(2) :123-136.

4)   Sanyal SK, Nasar SKT. Contaminação por arsénico das águas subterrâneas em Bengala Ocidental. Acumulação no sistema solo-culturas. (2002); 2:123-136.

5)   . Haiyan W, Stuanes AO. Poluição por metais pesados no sistema ar-água-solo-planta da cidade de Zhuzhou, província de Hunan, China. (2003); 147 (1- 4):79-107.

6)   . Hamasalim HJ, Mohammed HN. Determinação de metais pesados em carne de vaca enlatada e frango expostos ao almoço vendidos nos mercados de sulaymaniah. Jornal Africano de ciência dos alimentos. (2013) ; 7(7):178-182.

7)   . Hussain RT, Ebraheem MK, Moker HM, Avaliação do teor de metais pesados (Cd, Pb, Zn) em fígado de frango disponível nos mercados locais da cidade de Basrah, Iraque. (2012); 11(1):43-48

8)   . Chowdhury ZA, Siddique ZA, Hossain SMA, *et al.*Determinação de metais essenciais e tóxicos em carnes, produtos cárneos e ovos por método espetrofotométrico. Jornal da sociedade química do Bangladesh. (2011); 24(2):165-172.

9)   . Okiei W, Ogunlesi M, Alabi F, *et al.* Determinação das concentrações de metais tóxicos em produtos à base de carne tratados com chama, ponmo. African Journal of Biochemistry research.3(10):332- 339.

10)   . Khan AT, Diffay BC, Forester DM, *et al.* Concentrações de oligoelementos em tecidos de cabras do Alabama. Vet Hum Toxical. (1995); 37(4): 327-329.

11)   . Llobet JM, Falco G, Casas C, *et al.* Concentrações de arsénio, cádmio, mercúrio e chumbo em alimentos comuns e estimativa da ingestão diária por crianças, adolescentes, adultos e idosos da Catalunha, Espanha. J. Agric. Food Chem.(2003); 51: 838-842.

12)   . Smith, RM, Leach RM, Muller LD, et al. Effect of long-term dietary cadmium chloride on tissue, milk, and urine mineral concentrations of lactating dairy cows. J. Anim. Sci (1991); 66: 4088-4096.

13)   . Coni E, Bocca A, Coppolelli P, *et al.* Teor de elementos menores e vestigiais no leite de ovelha e de cabra e nos produtos lácteos. Food Chem. (1996); 57(2): 253-260.

14)   . ATSDR (Agência para o Registo de Substâncias Tóxicas e Doenças). Perfil Toxicológico do Níquel. (1991)

15) . Gorchёv GH, ingestão alimentar, níveis nos alimentos e ingestão estimada de chumbo, cádmio e mercúrio. Food Addit. Contam.(1993); 10: 115-128.

16) . Krajnc, EI, Vos JG, Van Logten MJ. Estudos recentes em animais relativamente à toxicidade do cádmio. . Health Evaluation of Heavy Metals in Infant Formula and Junior Food (Avaliação da saúde de metais pesados em fórmulas para bebés e alimentos para crianças). (1983):112-119.

17) . Zasadowski A,Barski D,Markiewicz1 K, *et al*. Níveis de contaminação por cádmio dos animais domésticos (bovinos) na região de Warmia e Masuria. Jornal polaco de estudos ambientais (1999); 8(6):443-446.

18) . Olsson IM, Bensryd I, Lundh T, *et al*. Cadmium in blood and urine-impact of sex, age, dietary intake, iron status, and former smoking-association of renal effects. Environ. Health Perspect.(2002);110(12): 1185-1190.

19) . Paustenbach DJ, Finley BL, Mowat FS,et al.Avaliação do risco para a saúde humana e da exposição ao crómio (VI) na água da torneira. J. Toxicol. Environ. Health Part A.(2003); 66(14): 1295-1339.

20) . OSHA. Administração da Segurança e Saúde no Trabalho (OSHA). Ficha de dados da substância para exposição profissional ao chumbo (2003): 877-889.

21) . Cohen MDC, Prophete M, Sisco L, *et al*. Os potenciais imunotóxicos pulmonares dos metais são regidos por propriedades físico-químicas seleccionadas: Chromium Agents. J. Immun.(2006); 3(2): 69-81.

22) . EPA (Agência de Proteção Ambiental dos EUA).Compostos de níquel. Centro Nacional de Avaliação Ambiental (2000).

23) . Fosmire GJ. Toxicidade do zinco. Clin. Nutr.(1990);51(2): 225 -227.

24) . FAO/OMS. Relatório da 32ª Sessão do Comité do Codex Alimentar para os Aditivos Contaminantes. (2000).

25) . Richard LA . Diagnóstico e melhoramento de solos salinos e alcalinos. (1968); Handbook No.60.

26) . Naseer M, Salam A.E, Ahmad S, *et al*. Distribuição de metais pesados no fígado, rim, coração, pâncreas e carne de vaca, búfalo, cabra, ovelha e frango do mercado de Kohat, Paquistão. Life Science Journal (2013);10(7s).

27) . Uluozlua O.D, Tuzen M, Mendil D *et al*. Avaliação do teor de oligoelementos em produtos de frango provenientes de peru. Journal of Hazardous Materials (2009); 163: 982-987.

28)   . Lokeshwari H, Chandrappa G.T. Impacto da contaminação do lago por metais pesados no solo e na vegetação cultivada. Journal of current science (2006); 91(5): 622-627.

29)   . Javed M, Usmani N. Avaliação da poluição por metais pesados (Cu, Ni, Fe, Co, Mn, Cr, Zn) em águas de riachos dominadas por efluentes e o seu efeito no metabolismo do glicogénio e na histologia de Mastacembelus armatus.(2013); 2:390.

30)   . Radwan A.m, Salama A.k. Market basket survey for some heavy metals in Egyptian fruits and vegetables. Food and Chemical Toxicology (2006); 44:1273-1278.

Printed by Books on Demand GmbH, Norderstedt / Germany